INVENTAIRE

V32078

I0076663

V

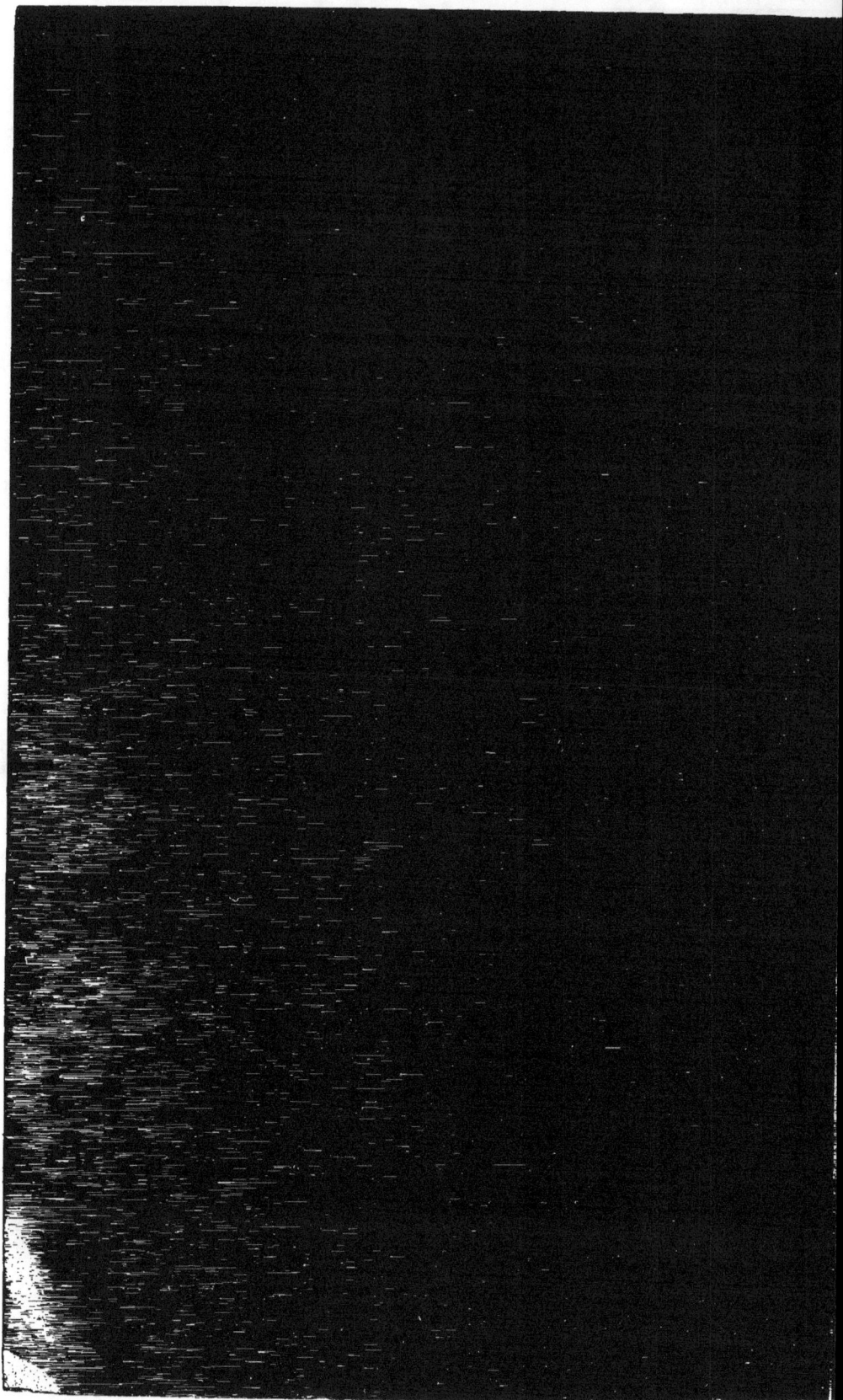

4157

LETTRES

SUR LE CALCUL

A L'AIDE DES COMPLÉMENS,

Par M. BERTHEVIN ;

FAISANT SUITE

AUX ÉLÉMENS D'ARITHMÉTIQUE COMPLÉMENTAIRE
PUBLIÉS EN 1823.

Connubio jungam stabili.
Virg.

PREMIÈRE LETTRE.

Multiplication et Division.

PRIX : 1 FR.

PARIS, CHEZ GRIMBERT, rue de Savoie, n° 12 ;
BACHELIER, quai des Augustins, n° 55 ;
BOSSANGE père, rue de Richelieu, n° 60 ;
SAUTELET, place de la Bourse.

1826.

LETTRES

SUR LE CALCUL,

A L'AIDE DES COMPLÉMENS.

PREMIÈRE LETTRE.

MULTIPLICATION ET DIVISION
COMPLÉMENTAIRES.

Je cède à vos desirs, mon respectable ami,
en publiant mes vues sur la complémentation.
J'avais promis, lorsque je donnai au public,
en mars 1823, mes élémens d'arithmétique
complémentaire, de les faire suivre d'un
mémoire sur des applications de la méthode
complémentaire. L'époque de l'impression
était fixée au mois de juillet : dans ce mois-
là même, je fus appelé à des fonctions si ac-
tives, que le temps me manqua ; aujourd'hui
même je ne publierais rien encore, si des savans

étrangers, des mathématiciens d'Angleterre et du Nord, ne me pressaient de faire connaître mes moyens de calcul; vous vous joignez à eux, et vous me déterminez. Pour obéir à leurs vœux, à vos désirs, je vais hasarder sous la forme épistolaire de donner successivement les résultats trouvés dans d'autres temps; la forme y perdra, mais c'est le seul moyen que j'aie de concilier, et les désirs de mes amis, et les devoirs rigoureux qui me sont imposés. Un traité didactique a des difficultés qu'une correspondance fait disparaître.

J'ai reçu beaucoup d'objections contre la méthode complémentaire : elles se réduisent, 1º à ce que ses avantages ne sont véritablement immenses que dans des cas spéciaux; 2º à ce que l'invention n'est pas neuve, qu'on a trouvé dans divers recueils allemands des procédés semblables; 3º à ce qu'elle n'a pas toute l'extension que je paraîtrais vouloir lui attribuer. Mes réponses seront bien simples : elle a des avantages immenses dans des cas spéciaux; eh bien! restreignez les méthodes complémentaires à ces cas, et comme ces cas sont ceux où la méthode de calcul ordinaire offre le plus de

difficultés, employez les moyens complémentaires dans ces circonstances : comme dans
aucune la méthode complémentaire n'est plus
difficile, pour ceux-là choisissez. L'invention, je ne la réclame pas, je suis sûr d'avoir
trouvé ; je n'ai aucune érudition mathémati-
que, je ne sais pas l'allemand ; mais en publiant,
je n'ai voulu qu'être utile, et ma publication
n'eût-elle que signalé des moyens oubliés , elle
serait un bien. Quant à l'extension de la
méthode, un seul homme qui ne fait pas des
mathématiques son étude spéciale ne peut
saisir tous les rapports d'un moyen nouveau.
Qu'on parte du point où il s'arrête, la route
est nouvelle, l'exploration sera féconde ; le
mouvement est donné, l'impulsion sera im-
mense. Voilà, mon ami, ce que j'avais à dire
pour m'excuser de reprendre aujourd'hui des
travaux suspendus pendant trois années [1]

---

(1) Pour suivre les diverses propositions de ces
lettres , le lecteur devra se pénétrer avant des prin-
cipes énoncés dans l'arithmétique complémentaire;
elle se vend , à Paris, chez Grimbert, rue de Savoie ; Bossange père et Sautelet, libraires. Prix, 2 f.

Nous allons tâcher de donner quelques développemens sur le calcul des complémens, appliqué à la multiplication. Il n'est pas un calculateur qui ne se souvienne du procédé de la multiplication par les doigts pour les nombres voisins de dix et au-dessous de ce nombre; eh bien! la méthode complémentaire fait sur toutes les puissances de dix la même opération, que la multiplication par les doigts fait sur les facteurs au-dessous de 10. Mais la complémentation admet indistinctement des multiplications au-dessus et au-dessous de 10 et de ses puissances; elle acquiert ainsi un degré de généralité. Cette méthode se réduit à cette formule, *ajoutez les deux facteurs, retranchez* 10, 100, 1000, *suivant qu'une de ces puissances vous aura servi de complémentateur, et ajoutez le produit des deux complémens, s'ils sont à la fois positifs ou négatifs. Si l'un est positif et l'autre négatif, le produit des complémens doit être retranché.*

Des exemples vont éclaircir ces procédés. Soit proposé de multiplier 91 par 92; les complémens sont 9 pour 91 et 8 pour 92.

J'ajoute les deux facteurs; de leur somme 183, je retranche 100, j'ai 83 ; ce seront les centaines du produit. Je nomme la partie ainsi obtenue par ce premier procédé la partie décadaire ; le produit complémentaire de 8 par 9 me donnera 72, que je juxta-pose à 83, et 8372 sera mon produit entier.

De la même manière on formera le produit de 981 par 986; 967 sera la partie décadaire, et 266 la partie complémentaire ; le produit sera donc 967266.

1031 × 1016 donne pour partie décadaire 1047, et 496 pour produit complémentaire; le produit total sera 1047496.

Si l'un des facteurs était au-dessus de 10, 100, 1000, et l'autre au-dessous, au lieu de juxta-poser le produit, il faudrait le retrancher de la partie décadaire, et juxta-poser la différence ;

EXEMPLE :

Soit 13 × 8, dont il faut exprimer le produit ; j'ajoute 13 et 8, et j'ai 21 dizaines, ou 110 pour partie décadaire ; de 110 je retranche le produit de 2 par 3 ou 6,

et 104 formera le produit. Soit encore 989
à multiplier par 1014, j'ajoute 989 et 1014.
En retranchant 1000, 1003 sera, en faisant
suivre de trois zéros, la partie décadaire ; on
aura donc 1003000 ; je retranche 154 ou le
produit complémentaire de 11 par 14, et le
résultat 1002846 m'exprimera un produit
dont 989 et 1014 seraient les facteurs. (846
est le complément de 154.)

La théorie algébrique de ces procédés est
extrêmement simple. En effet, soit mn dont
on veut obtenir le produit complémentaire.
L'unité de la base suivie d'un nombre quelconque de zéros étant b, c et c' étant les complémens positifs, c'est-à-dire, tels qu'ajoutés
à m et à n, ces nombres deviennent égaux à b,
on fera $m = b - c$ et $n = b - c'$. Si l'on
fait le produit, on aura $mn = b^2 - bc -
bc' + cc'$; mais, dans ce produit, b est fac-
teur commun des trois premiers termes ; on
aura donc une nouvelle expression de ce
produit $mn = b(b - c - c') + cc'$; ce qui,
traduit en langage vulgaire, pourra être énoncé
ainsi : prenez comme partie décadaire ou
multiple de b, $b - c$ un des facteurs, en le

diminuant du complément de l'autre, ou bien encore la somme des facteurs, moins la puissance sur laquelle on complémente, et à cette partie juxta - posez le produit des complémens, le résultat sera le produit total. En effet, $b - c + b - c' = s$ est la même chose que $2b - c - c'$ ou $s - b$. s étant la somme des facteurs, $s - b$ sera la partie décadaire; en ajoutant cc ou le produit des complémens, on aura le produit total.

Mais b n'appartient pas seulement à une base décadaire, la formule représente une base quelconque : donc elle donnera la solution de ce problème général. Si on a un produit composé de deux facteurs, et qu'on veuille représenter ce produit par deux autres facteurs, dont l'un est donné, le facteur cherché sera la somme des deux facteurs, moins le facteur donné. Exemple : j'ai 168, qui est le produit de 12 × 14; je veux avoir le même produit en deux facteurs dont l'un soit 15 : j'ajoute les deux facteurs qui ont pour somme 26, je retranche le facteur 15, la différence 11 sera le facteur cherché; mais le produit ne sera que 11 fois 15 ou 165, et

par conséquent un produit approché. Pour
avoir le produit total, ajoutez le produit des
complémens sur 15 ou 1 × 3, et on aura le
produit total 168.

Vous voyez, mon cher ami, comment de
la discussion de ce cas de la formule découlent
déjà plusieurs propositions qui pourraient
paraître étrangères à la proposition principale.
Poussons plus loin l'examen des conséquences
de notre formule. On propose le problème :
réformer avec deux autres facteurs, dont l'un
est donné, un produit composé de deux facteurs; — la solution est celle qui donne le quatrième d'une proportion par quotient. Or, si
nous examinons le facteur placé entre parenthèse, nous verrons qu'il est composé de la
somme des deux termes, moins le terme sur
lequel on complémente les facteurs, ou $s-b$:
or $s-b$ serait le quatrième terme d'une proportion par différence ; donc les trois premiers termes de deux proportions, l'une par
différence, l'autre par quotient, étant les
mêmes, le quatrième des deux proportions
aura une partie semblable, qui est la somme
des deux moyens moins l'extrême. Le qua-

trième terme de la proportion par quotient s'augmentera du produit des complémens des moyens pris sur l'extrême.

Nous reproduirons ici ce que nous avons dit sur la manière d'envisager les rapports communs des proportions dans notre arithmétique complémentaire, pag. 118.

On sait qu'en général, en ajoutant les facteurs et en retranchant le complémentateur, on a le produit approché, et que, pour l'avoir réel, il ne faut qu'y joindre le produit des complémens divisé par le complémentateur : donc, notre quatrième terme s'obtiendra approximativement en ajoutant les deux moyens et en retranchant l'extrême connu. Ainsi, on doit s'apercevoir qu'il y a cette analogie entre la proportion arithmétique, que, dans ce cas, cette méthode donnerait le quatrième terme de la proportion arithmétique exact ; mais que, pour le quatrième de la proportion géométrique, il faut y ajouter le produit des complémens divisé par le complémentateur ; mais un produit de deux facteurs, divisé par un nombre, est lui - même l'expression d'une proportion :

donc cette nouvelle proportion pouvant être considérée sous le même point de vue, on pourra encore approcher à l'aide d'une nouvelle proportion arithmétique ; donc le dernier terme d'une proportion géométrique peut résulter de la sommation de plusieurs quatrièmes termes de proportions arithmétiques ; la différence entre ces quatrièmes termes sera toujours deux fois le complémentateur.

Soit proposé d'obtenir le quatrième terme de la proportion $7 : 43 : 29 : x$. Je fais les proportions arithmétiques suivantes :

$$
\begin{array}{cccccc}
7 & . & 43 & : & 29 & . & 65 \\
7 & . & 36 & : & 22 & . & 51 \\
7 & . & 29 & : & 15 & . & 37 \\
7 & . & 22 & : & 8 & . & 23 \\
7 & . & 15 & : & 1 & . & 9 \\
7 & . & 8 & : - & 6 & . - & 5 \\
\end{array}
$$

formant la somme des quantités positives ; pour la valeur réelle du quatrième terme j'ai 185, dont, retranchant $5\frac{48}{7}$ ou $6\frac{6}{7}$, il reste $178\frac{1}{7}$: on voit que le terme à retrancher $\frac{48}{7}$ résulte de 8 par 6 divisé par 7.

On voit ici que la différence d'un terme à

l'autre est toujours 14 ou 2 fois 7, qui est le premier terme double.

L'expression analytique de cette valeur nous a présenté, par la substitution dans plusieurs formules, des résultats qui ne sont pas sans intérêt.

Le produit de $b+c$ par $b+c'$ est $b^2+bc+bc'$ ou $b(b+c+c')+c\,c'$; si les signes des complémens sont tous les deux positifs, il faut encore ajouter les facteurs en retranchant le complémentaire, et on aura la partie décadaire; pour avoir le produit intégral, on ajoutera le produit des complémens. Exemples : 107 multiplié par 112, donnera pour partie décadaire 119 ou 11900; augmentez-le du produit 7×12 ou 84, on aura le produit total 1,119,84.

Lorsque l'un des facteurs est positif et l'autre négatif, vous retrancherez le produit des complémens au lieu de l'ajouter, et vous juxta-poserez. Exemple : 109×93 donnera pour partie décadaire 102; retranchant 63 de 10200, j'aurai 10137 : cela résulte de la formule $(b^2+c') \times (b-c) = b^2 + bc' - bc - cc'$.

Si maintenant nous nous rappelons que le reproche fait à la méthode proposée est de

n'être d'un grand secours que dans le cas spé-
cial où les facteurs sont voisins de 10, 100,
1000 ; mais si nous parvenons à l'appliquer
aux cas $\frac{b}{2}$, $\frac{b}{4}$, $\frac{b'}{8}$, on verra que dès lors elle
peut dans tous les cas être très expéditive.

Soit proposé d'appliquer la formule $\frac{b}{2} + c \times$
$\frac{b}{2} + c'$, dans lequel les deux facteurs sont des
moitiés de la puissance 10, on aura $\frac{b^2}{4} + \frac{bc}{2} +$
$\frac{bc'}{2} + c\,c'$, cette formule peut être écrite ainsi :
$$b\frac{(b+c+c)}{4}\,\frac{}{2}\,\frac{}{2} + c\,c' \text{ ou } \frac{b}{2}\left(\frac{b}{2} + c + c'\right) + cc',$$
ce qui, traduit en langue vulgaire, se lit ainsi :
à l'un des facteurs ajoutez le complément de
l'autre, et prenez la moitié, vous aurez la partie
décadaire, qu'il faudra augmenter du produit
des complémens pour avoir le produit total ;

EXEMPLE :

47×43 offrira le produit 2021 : pour cela,
de 43 j'ai retranché le complément de 47
ou 3 ; j'ai pris la moitié de la différence 40, et

20 a formé la partie décadaire ; j'ai eu le produit total en juxta-posant le produit des complémens 3×7 ou 21.

Le cas de la multiplication sur $\dfrac{b}{4}$ n'a pas plus de difficulté; si l'on a le soin de prendre le quart du facteur augmenté ou diminué du complément du co-facteur, alors on aura la partie décadaire : on juxta-posera, ou le produit des complémens, ou le complément du produit complémentaire. Exemple : 27×30, je complémente les facteurs sur 25 ; à 27 j'ajoute 5, complément de 30, j'ai 32 dont le quart 8 sera la partie décadaire ou 800 ; juxta-posant 2×5 ou 10, j'ai le produit total 810. Tout autre facteur fractionnaire de 10, 100, 1000, offrirait des moyens analogues.

On peut appliquer la méthode complémentaire à des exemples quelconques : soit proposé de multiplier 93 par 48, je complémente les deux nombres sur 40, j'ajoute 8 à 93, ce qui me donne 101 que je multiplie par 4, j'ai pour partie décadaire 404 dizaines, j'ajoute le produit complémentaire 63×8 ou 424 ; le produit total sera 4464.

Les moyens fondés sur la complémentation peuvent varier à l'infini pour la multiplication.

Ce n'est point, M. le Baron, une exagération. La méthode complémentaire est d'autant plus facile que la méthode ordinaire est plus compliquée et offre le plus de difficultés. Il est aisé de se rendre raison de cette propriété. Les cas les plus difficiles dans les méthodes ordinaires sont ceux où les nombres qui sont employés, soit comme facteurs, soit comme diviseurs, sont les plus près de 10 et de ses puissances : ainsi la division par 97 sera plus difficile que celle par 31. C'est le phénomène opposé dans les opérations par complémentation. Comme on agit sur des différences avec la puissance, plus ces différences sont petites, et plus l'opération sera facile. Il est donc vrai d'après cela de conclure que les méthodes par complémentation doivent avoir un plus grand degré et de facilité et de simplicité que celles de la multiplication de la division ordinaire.

Nous avons indiqué dans l'arithmétique complémentaire les règles pratiques: nous allons ici, pour ne pas nous répéter, reprendre la formule des produits, et y lire les règles de la division. Le produit de $b—c$ par $b—c'$ est $b^2—bc—bc'+cc'=b\,(b—c—c')+cc'$. Or dans la division, on connaît le produit et l'un des deux facteurs. La partie entre parenthèse, que nous avons nommée partie décadaire, peut être dégagée du reste, en séparant par une virgule ou plutôt par un trait vertical autant de chiffres que le marque la puissance de 10 représentée par la base de b; donc alors notre produit n'est plus composé que de deux parties, l'une linéaire, ' l'autre étant le produit complémentaire.

Maintenant, si nous avons été compris en parlant de la multiplication, on se ressouviendra que la partie décadaire contient la somme des facteurs, moins la base du complémentateur; ajoutons cette base, et l'on aura l'expression de la somme des deux facteurs : or, nous connaissons l'un des deux facteurs; l'autre s'obtiendra par la simple soustraction de la

---

(1) En rapportant à b, qui est une des puissances de la base, la portion la plus forte, on réduit la multiplication pour la partie décadaire à une addition des facteurs.

partie décadaire ainsi modifiée. Pour voir si
le facteur obtenu n'est pas trop grand, j'effectue le produit complémentaire des deux complémens, du diviseur et du quotient présumé,
et lorsque la soustraction est possible, le quotient présumé est le quotient réel. Quelques
exemples vont éclairer cette théorie : j'ai proposé de diviser 8366 par 94; comme la complémentation de 94 est sur 100, je divise d'abord
par 100, et j'ai mon produit en le séparant
par un trait, 83|66 qui me donne 83 pour
partie décadaire, et 66 pour partie complémentaire; j'ajoute le complémentateur 100 à
la partie décadaire 83, et 183 me donnera
la somme des deux facteurs qui ont concouru
à former le dividende ou produit : l'un des
facteurs, 94 m'est connu; je le retranche de
183, et le reste 89 est le quotient présumé.
Pour voir s'il est le quotient réel, j'effectue le produit 6×11 des deux complémens
de 89 et 94, et comme ce produit est égal
à la partie qui doit représenter le produit
complémentaire, j'en conclus que 89 est le
quotient cherché.

Proposons la division de 7,798 par 84.

J'ai 77|98 ; en divisant par 100, en ajoutant
à la partie décadaire 100, j'aurai 177 ; retranchant le dividende de 84, le reste 93 est le quotient présumé ; comme le produit 7 × 16 donne
112 plus grand que 98, je fais le produit de 8
par 16, que je retranche de 198, et j'ai
70 ; donc j'ai pour quotient 92, et pour reste
70. On voit ici un moyen bien simple d'obtenir le quotient, et d'évaluer de combien il est
trop fort. Comme 112 n'avait qu'un aux centaines, je n'ai diminué 93 que d'un ; mais si
le produit eût offert un autre chiffre, j'eusse
obtenu une diminution d'autant d'unités qu'il
y avait de centaines au produit. Exemple : j'ai
6,794 à diviser par 79 ; la partie décadaire est
67, le quotient présumé sera 167, moins 79
ou 88 ; je fais le produit complément 12 par
21, qui donne 252 ; donc le quotient doit
être diminué de deux unités au moins. Comme
le produit complémentaire 14 par 21 me donne
294, je conclus que le quotient est 86.

Nous remarquerons ici qu'un des avantages de notre méthode est de donner immé-
diatement autant de chiffres au quotient qu'il
y en a dans le diviseur.

2

Reprenons la formule du produit, et en l'interprétant d'une nouvelle manière, nous y lirons une méthode différente. En effet, cette formule est $b \, (\, b - c - c') + cc'$; nous connaissons le diviseur qui est ou $b - c$ ou $b - c'$: donc après la division par b, il ne faut plus que faire disparaître la portion du co-facteur qui se trouve dans la partie dé-cadaire du produit : or, cette quantité est le complément du diviseur; pour faire évanouir ce complément, il ne faut que l'écrire dans la partie décadaire avec un signe contraire. Quelques exemples rendront sensible l'esprit de la méthode.

Je veux diviser 6612 par 87; je divise par 100, et la partie décadaire est 66; je prends le complément 13 qui, d'après l'esprit de la méthode de la multiplication complé-mentaire, a été retranché du co-facteur; par conséquent, pour retrouver le co-facteur de 87, j'ajoute 13 à 66, ce qui me donne 79 pour quotient présumé : mais la multiplication de 21 par 13 donne 273 plus grand que 12, qui restaient pour la partie complémentaire; quand on aura retranché 12, il restera 261

ou plus de deux centaines ; donc il faut retrancher 3 de 79 , donc 76 exprimera le quotient présumé : alors il me reste 312 pour
produit complémentaire ; je fais le produit
de 24, complément de 76, par 13, complément de 87 , et comme ce produit me
donne 312 , je conclus que 76 est le quotient
cherché.

Je veux diviser 5873 par 83, j'ajoute 17 ,
complément de 83, à la partie décadaire 58,
et j'ai 75 pour quotient approché ; j'effectue
le produit de 17×25, il me donne 425 qui
a quatre centaines ; donc je vois qu'il faut
retrancher au moins 4 du nombre 75, ce qui
laisse 71 ; je fais la soustraction de 493 et du
produit 29, complément de 71, par 17, complément de 87 , et comme ces deux facteurs
donnent 493, j'en conclus que le quotient 71
est exact.

Un dernier exemple suffira pour éclaircir
tout ce système d'opération : soit 67 | 48 à
diviser par 79, j'ajoute 21 à 67, portion du
dividende qui se trouve à droite après la
division par 100, j'ai $67 + 21$ ou 88, quotient approché ; le produit de 21 par 12

est 252, qui a 52 au-delà de la centaine, et
est plus grand que 48, portion à droite du
trait vertical; donc le quotient est trop grand
d'au moins trois unités, donc mon quotient
approché est 85; je multiplie 15 par 21, qui
me donne 315, moindre que 348, ma nouvelle
portion présumée être le produit complémentaire; il s'ensuit que la soustraction est possible, et que mon quotient est 85, et mon
reste 33.

Le cas où le complément est inverse,
c'est-à-dire, tel qu'il faut le retrancher du
diviseur pour retrouver le complémentateur,
n'offre pas plus de difficultés. Il ne faut que
retrancher le complément de la portion sé-
parée par le trait vertical pour obtenir la
partie décadaire; soit proposée la division
de 568472 par 1049, la portion décadaire
sera de 3 chiffres; je retranche 49 de 568, mon
reste est 519, quotient approché; j'ajoute le
produit du complément de 519 à 472 par 49,
parce que les deux complémens sont de signes
différens; j'effectue le produit de 481 par 49
ou 23669, que j'ajoute à 519472, et j'ai
pour partie décadaire 543041; la portion

décadaire s'est augmentée de 24 ; donc il faudra retrancher le produit de 24 par 49 de 543041, ce qui donne pour reste 541914 ; mais comme le produit 24 par 49 a donné une unité aux mille ou à la partie décadaire, j'ajoute 49 à 914, et 541 sera mon quotient, et 960 mon reste.

Ce procédé peut se simplifier, car tel que nous venons de l'exposer, il demande trop d'attention et d'activité de calcul pour être usuel[1] : c'est ce que nous avons fait pour l'édition que nous préparons de l'arithmétique complémentaire.

Les diviseurs qui peuvent se complémenter sur des fractions de 10, de 100, de 1000, présentent des cas de solution très faciles. Soit à diviser 3467 par 48 ; d'après la formule des produits fractionnaires, je conclurai la méthode suivante : à 34, partie destinée à former la partie décadaire, j'ajoute deux complémens de 48, j'ai 36 ; comme le diviseur a été complémenté sur $\dfrac{b}{2}$, je double 36 et j'ai 72 pour quotient présumé ; je multiplie 28, complément de 72 sur 100, par 2, complément de 48, et comme le reste est 11, j'en conclus que 72 est le quotient, et 11 le reste.

Terminons par la division de 6531 par 57. Après avoir séparé la partie décadaire et complémentaire par un trait, je retranche 7, complément de 57 sur 50; il reste 58 que je double, ce qui me donne 116 pour quotient approché ; je forme le produit des 16 × 7 qui donne 112, je double les centaines, et j'en fais la soustraction de 116|31

$$\begin{array}{r|r} 116 & 31 \\ 2 & 12 \\ \hline 114 & 19 \end{array}$$

qui me donne 114 pour quotient réel, et 19 pour reste ; mais ce reste, à cause du passage de deux aux centaines doit être augmenté de deux fois le complément de 7 ou 14 ; donc mon reste est 33.

Telle a été la marche que j'ai suivie, et qui a, comme on le voit, de grands avantages. Cette méthode cependant n'évite pas les tâtonnemens; elle les régularise en les faisant porter sur la partie du produit complémentaire qui passe à la partie décadaire. Un examen réfléchi m'a conduit au moyen suivant :

Après avoir séparé la partie du dividende

qui doit former la partie décadaire, je multiplie cette partie par le complément du diviseur;
s'il est au-dessous de la puissance de dix, j'ajoute
le produit; si les unités viennent se joindre à la
partie décadaire, je les multiplie et les ajoute
de même, et ainsi de suite; à la fin je trouve
séparés par la verticale mon quotient et mon
reste.

Dans le cas contraire, je retranche le produit;

EXEMPLE :

Je veux diviser 578631 par 991, je sépare mon
produit en deux parties 578 et 631, je multiplie
578 par 9, ce qui me donne 5202; j'ajoute :

$$
\begin{array}{r|l}
578 & 631 \\
5 & 202 \\
\hline
583 & 833
\end{array}
$$

A 583,833 j'ajoute 45 produit de 5 par 9, qui est
entré dans la partie décadaire, et j'ai 583|878;
comme il n'a plus rien été passé à la partie décadaire, on a sur une même ligne le quotient 583,
le reste 878.

AUTRE EXEMPLE :

On veut diviser	743	651 par 986;
Produit de 743 par 14,	10	402
Produit de 10 par 14		140
Le complément du diviseur à cause de la retenue		14
Quotient	754	207 Reste.

Si le complément est pris au-dessus de 1000, on raisonnera de même ; mais l'action du produit de la partie décadaire par le complément doit être inverse, et ce produit doit être retranché. Les produits des parties qui résulteraient des portions passées au-delà du trait vertical, doivent être ajoutées et retranchées successivement. Soit 576762 à diviser par 1037 ;

J'opère ainsi :

	576	762
Produit de 576×37 à retrancher	21	312
Reste	555	450
Produit de 21 par 37 à ajouter		777
Reste	556	227
Produit de 1×37 à cause de la retenue, à retrancher		37
Quotient	565	190 Reste.

Je vais maintenant, M. le Baron, appliquer à la démonstration de la méthode complémentaire la forme synthétique d'abord, et ensuite je retrouverai dans l'analyse un moyen de preuve beaucoup plus puissant.

Je suppose que j'aie 4317 à diviser par 88 ; voici le raisonnement que je fais : si j'avais

à diviser par 100, j'aurais 43 pour quotient et 17 pour reste : si j'avais à diviser
par 43, j'aurais 100 pour quotient, et 17
pour reste ; donc le quotient est entre ces
deux nombres en raison de leur différence
avec le diviseur réel 88; donc il faut , ou
ajouter à 43 le complément de 88, ou retrancher de 100 la différence entre 43 et 88 : or,
cela est d'autant plus vrai que $43 + 12$ ou
$100 - 45$ donnent tous les deux 55. Ce
nombre une fois obtenu peut donner un
quotient trop fort, et cela est vrai, car il
ne me reste que 17 pour représenter ma partie
du produit complémentaire. Je vais former
mon produit complémentaire, en multipliant
45 par 12, qui donne 540 ; je suis averti que
mon quotient est trop fort d'au moins 6; j'ôte
6 de 55, et j'ai 49; juxta-posant 17, les deux
chiffres séparés à droite, à 6, j'ai 617, je fais
le produit de 51 par 12, qui me donne 612 ;
comme ce produit peut être retranché de 617,
j'en conclus que mon quotient est 49, et mon
reste 5.

Nous allons donner une démonstration analytique de ce procédé : la formule du divi-

dende ou produit est $b^2-bc-bc'+cc'$, je divise par b et j'ai deux parties $b(b-c-c')+cc'$; si je fais ma multiplication de $b\text{-}c\text{-}c'$ par c, l'un des complémens, j'aurai $bc-cc'-c^2$; donc mon résultat $b(b-c-c'+c)-cc'+cc'-c^2=b(b-c')-c^2$; mais comme bc est entré dans la parenthèse, et par conséquent a été divisé par b, il s'ensuit que je dois multiplier c par c qui donnera c^2, donc on aura $b-c'$ ou l'autre facteur seul.

Il est certain, M. le Baron, que si l'on était libre de choisir son diviseur, comme 10, 100, 1000, une simple notation indiquerait le quotient; mais quoiqu'on reçoive la loi du diviseur, c'est-à-dire, qu'étant donné, il détermine le résultat, on peut toujours prendre pour diviseur un nombre plus facile, qui offre moins de complication que celui donné. Je m'explique d'abord par un exemple; ensuite, pour sortir de l'empirisme, je démontrerai mon procédé. Soit proposé de diviser 57868 par 297, je divise 57868 par 300, le plus près de 297, c'est-à-dire que je sépare deux chiffres à droite par un trait, et je prends le tiers de 578. J'ai pour quotient

192, première portion de mon quotient, et 2 ou 200 pour reste avec les 68 à droite, ce qui me donne 268 pour reste. Je multiplie le quotient 192 par 3, et j'ai 576. J'écris 76 à la droite et 5 à la gauche, c'est-à-dire aux centaines; j'en prends le tiers, j'ai 1 pour quotient et 200 pour reste, avec 76, fait 276 : j'ajoute ce 1, résultat de ma division par 3, au quotient sur 192, et 276 à 268; mais comme j'ai passé 1, mon reste s'augmentera de trois, de sorte que j'ai 193 pour quotient plus approché, et $547 = 268 + 276 + 3$ ou la somme des restes; pour reste il me revient 1 de plus au quotient, et 250 pour reste : on a donc 194 pour quotient, et 250 pour reste.

Cette méthode de division offre de trop grandes facilités dans la pratique du calcul, pour que je ne cherche pas à éclairer ses moyens par la discussion de quelques exemples. On propose de diviser 576482 par 489. Je prends ma division sur 500, et comme $500 = \frac{1000}{2}$ j'établirai mes rapports en faisant une séparation de trois chiffres à droite 576|480. Doublant les trois premiers chiffres

à gauche, j'ai 1152 pour quotient approché
avec 482 pour reste. Je multiplie ce quotient par 11 qui me donne 672 pour reste et
12 au-delà du trait de division ; je double ce
nombre 12 et augmente mon quotient de 24.
Je multiplie ce quotient par 11, et j'ai encore 264 pour reste ; mon quotient sera donc
$1152 + 24$, et mon reste $402 + 672 + 264 =$
1418, ou deux entiers et 440 pour reste: mon
quotient sera donc 1178 et mon reste 440.

Pour dernier exemple, nous diviserons
3865 par 56. Je vais faire la division en com-
plémentant sur 60 d'abord, et ensuite sur 50.
Je divise par dix, qui donne 386 à gauche
de la ligne de division, et 5 à droite, j'écris 5
au reste ; je prends le sixième de 386 qui
est de 64, avec 20 que j'écris au reste. Je
multiplie par le complément 4 le quotient 64,
j'ai 256, dont le sixième des deux premiers
fait partie du quotient, et 16 appartient au
reste. Je multiplie encore 4 par 4, et les 16
font partie du reste ; le quotient sera $64 + 4$
augmenté de 1 produit par les restes $5 + 20$
$+ 16 + 16 = 57$: le quotient définitif est donc
69 et 1 de reste.

En opérant sur 5o, je divise par 1oo ; on sépare deux chiffres à droite , je double la partie à gauche à cause de 5o $=\dfrac{100}{2}$; ainsi mon quotient approché est 76 avec 65 pour reste. Multipliant 76 par 6, j'ai à retrancher le produit 4|56 ; en doublant les centaines , il me restera 68 au quotient et 9 au reste. Mais 8 est passé au-delà du trait de division ; je dois donc ajouter à 9 le produit 6×8 ou 48, ce qui me donnera 57 pour reste, ou 69 au quotient et 1 au reste : donc le quotient est 69 avec 1 de reste.

L'analyse va faire ressortir d'une manière bien plus évidente ce théorème. Si on divise un nombre par un nombre plus grand que le diviseur, que l'on multiplie successivement les quotients par la différence entre les diviseurs, qu'on divise de nouveau la somme des quotients du diviseur le plus grand la somme des quotients et celle des restes offriront le quotient et le reste du moindre diviseur.

En effet, si nous désignons le dividende par d, le diviseur par $b - c$, on fera $a = b\,q + r$ (1), q étant le quotient, $\dfrac{a}{b}$ et r son reste de la division, il est aisé de conclure de là, que $\frac{a}{b\text{-}c}=q+\frac{qc+r}{b-c}$ (2) il ne faut pour cela que mettre au lieu de a sa valeur $bq+r$.

Si nous faisons de la même manière $qc+r=bq'+r'$ (2) on aura $\frac{qc+r}{b-c}=q'+\frac{q'c+r'}{b-c}$ (3) $q'c+r'=bq''+r''$, d'où on tirera encore (4) $\frac{q'c+r'}{b-c}=q''+\frac{q''c+r''}{b-c}$ et ainsi de suite, on arrivera à un résultat $q^{me}c+r^{me} \searrow b$.

Si on remonte par les substitutions successives à la valeur primitive, on en tirera $\frac{a}{b-c}$
$=q+q'+q''+q'''+\cdots+q^{me}+r+r'+r''+r'''+r^{me}$ le diviseur $b+c$ modifierait la formule ainsi : $\frac{a}{b+c}=q-q'+q''-q'''+q''''\ldots$
$+q^{me}+r-r'+r''-r'''\ldots\ldots+r^{me}$.

Cette formule n'est autre que le théorème énoncé ; nous allons lui donner quelques applications pour ne rien laisser à désirer sur cette matière.

L'avantage de cette formule est de ramener la division de a par $b+c$ à une suite de divisions par b; soit donc b un seul chiffre suivi de plusieurs zéros, on ramène ainsi la division la plus compliquée à celle par un seul chiffre, opération de la plus grande simplicité.

Diviser 5749 par 37, $a = 5759, b = 40$, et $c = 37$, or $\dfrac{5749}{40}$ donne 143 pour quotient et 29 pour reste, d'où $q = 143$ et $r = 29$ faisant $qc + r = 458$, j'ai $\dfrac{458}{40}$ qui donne 11 pour quotient et 18 pour reste, d'où $q'' = 11$ et $r'' = 18$, d'où $q'c + r = 33 + 18 = 51$, or $\dfrac{51}{40}$ a pour quotient 1 et 11 pour reste, donc $q'' = 1$ et $r'' = 11$, donc $5749 = 143 + 11 + 1 + \dfrac{24}{37} = 155 + \dfrac{24}{37}$.

On pourra s'exercer sur des exemples semblables. Nous terminerons par la division de 67827 par 593. $a = 67827$, $b = 600$, $c = 7$, or $\dfrac{67827}{600}$ donne 113 pour quotient et 27 pour reste, d'où $q = 113$ et $r = 27$, $qc + r = 791$, j'ai $\dfrac{791}{600}$, qui donne 1 pour quotient et 191 pour reste, d'où $q' = 1$ et $1' = 191$, d'où $q'c + r = 198$: donc $\dfrac{67827}{593} = 113 + 1 + \dfrac{27 + 198}{593}$, ou 114 pour quotient et 225 pour reste. Tels sont les moyens abrégés ou simplifiés dus à l'action complémentaire sur les deux principales opérations, la division et la multiplication de l'arithmétique. Si le public pense comme vous, M. le Baron, j'essaierai d'étendre ma correspondance à des sujets moins élémentaires, et d'offrir à la science de calculs des faits nouveaux et d'un intérêt plus marqué.

IMPRIMERIE DE E. DUVERGER,
RUE DE VERNEUIL, N° 4.

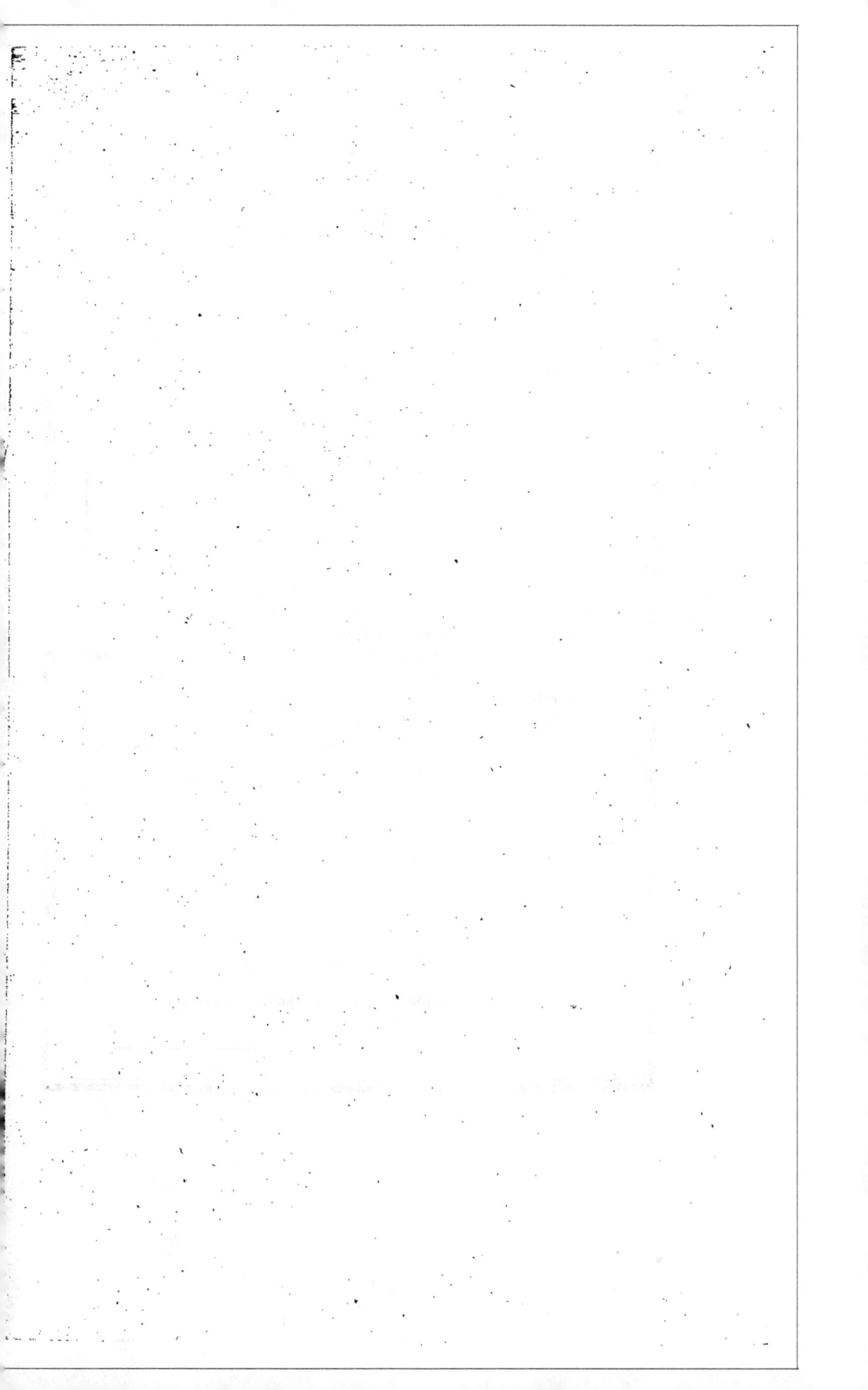

OUVRAGES DU MÊME AUTEUR
QUI SE TROUVENT AUX MÊMES ADRESSES :

Recherchés historiques sur les derniers ins   des
rois, 1 v. in-8° de 425 pages, 1824 . . . 6 f. »».
Essai historique sur Charles II, roi ?   ïre,
1 vol. in-8° . . . . 6 f. »».
Sur la Caisse hypothécaire, in-8°. . . . . . . » 75 c.
De l'Intérêt composé et de ses Applications,
in-8°. » 75

La seconde *Lettre* donnera l'application de la méthode complémentaire à la formation des puissances et à l'extraction des racines.

La troisième traitera des fractions périodiques en général, notamment des fractions périodiques décimales.

La quatrième appliquera la théorie de la complémentation à plusieurs questions d'algèbre et de géométrie et à quelques méthodes du calcul différentiel.

Ces *Lettres* paraîtront successivement.

L'Auteur se propose de donner prochainement une nouvelle édition de son arithmétique complémentaire.

IMPRIMERIE DE E. DUVERGER,
RUE DE VERNEUIL N° 4.

BIBLIOTHEQUE NATIONALE DE FRANCE

3 7531 03333587 9

www.ingramcontent.com/pod-product-compliance
Lightning Source LLC
Chambersburg PA
CBHW060457210326
41520CB00015B/3984